后浪

你想过怎样的一生？

从 0 到 100 岁，该学会的人生大事，都在这些生活的小事里了

［德］海克·法勒 文 ［意］瓦莱里奥·维达里 图

俞洁琼 译

北京联合出版公司
Beijing United Publishing Co.,Ltd.

慢下来，找回心的自由

0

你第一次在生命中微笑，也感受到他人的微笑。

1/2

你想要抓住身边的一切。

1
但你一松手，它却掉落在地。
这便是重力。

$1\frac{1}{2}$

妈妈离开后还会再回来，你懂得了这个道理。
这便是信任。

2

你已经会翻跟头了？

是吗？可就在你意识到自己拥有生命的时候……

3

……你也同时明白，总有一天你会离开这个世界。

4

然而大多数时候你不会想到死亡。
你可以忽视周围的一切。

$4\,^3/_4$

你已经尝过哪些味道了？

5

你发现，男生和女生之间会互生情愫。太不可思议了！

6

你学会了在早晨7点起床。现在你要上学了……

Aa Bb Cc
Dd Ee Ff
Gg Hh Ii
Ll Mm Nn
Oo Pp Qq
Rr Ss Tt
Uu Vv Zz

$6\,^{1}/_{4}$

在学校里，你学习各种各样的知识。

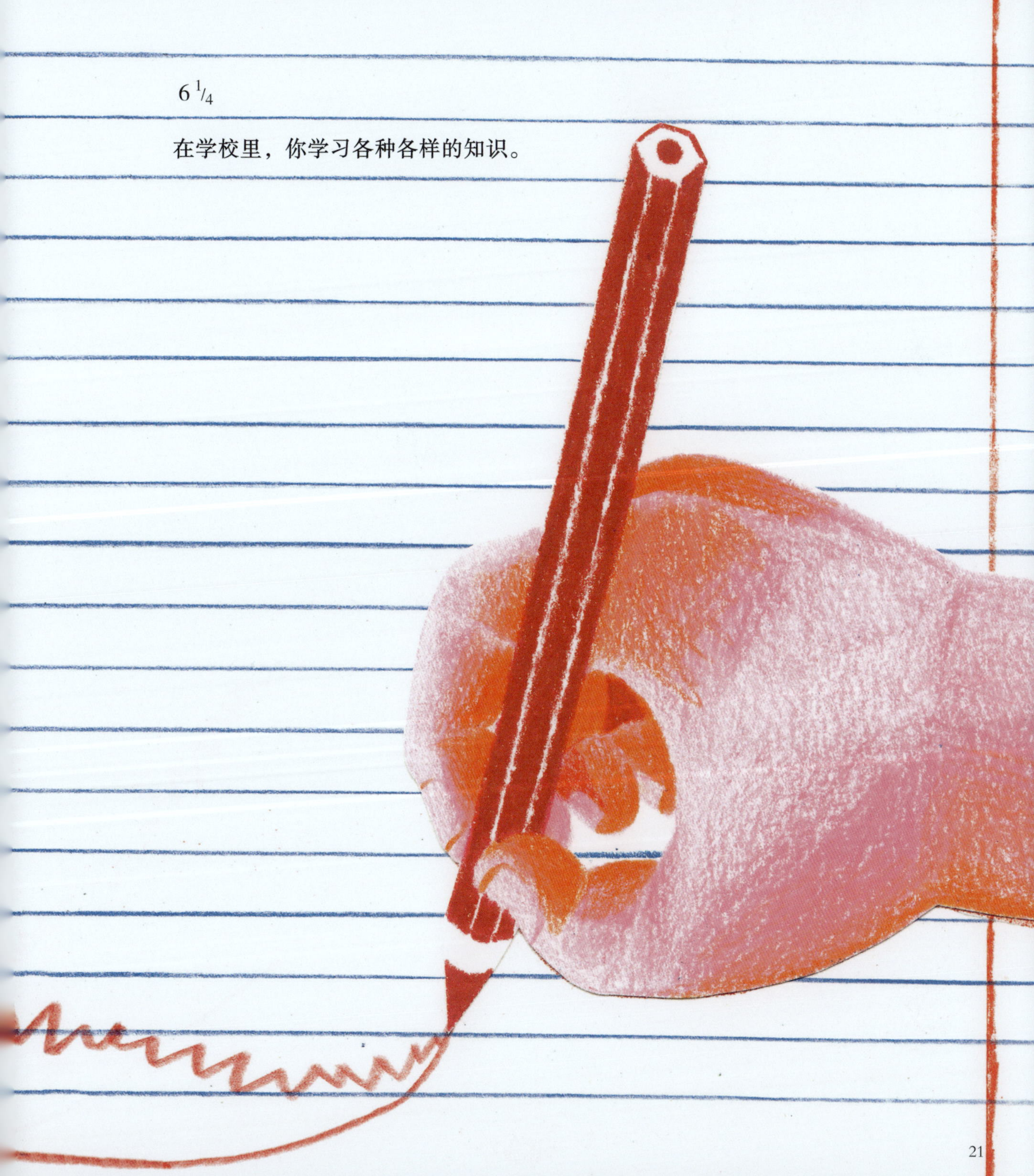

7

你对世界充满了好奇。

你仔细观察周围的一切。

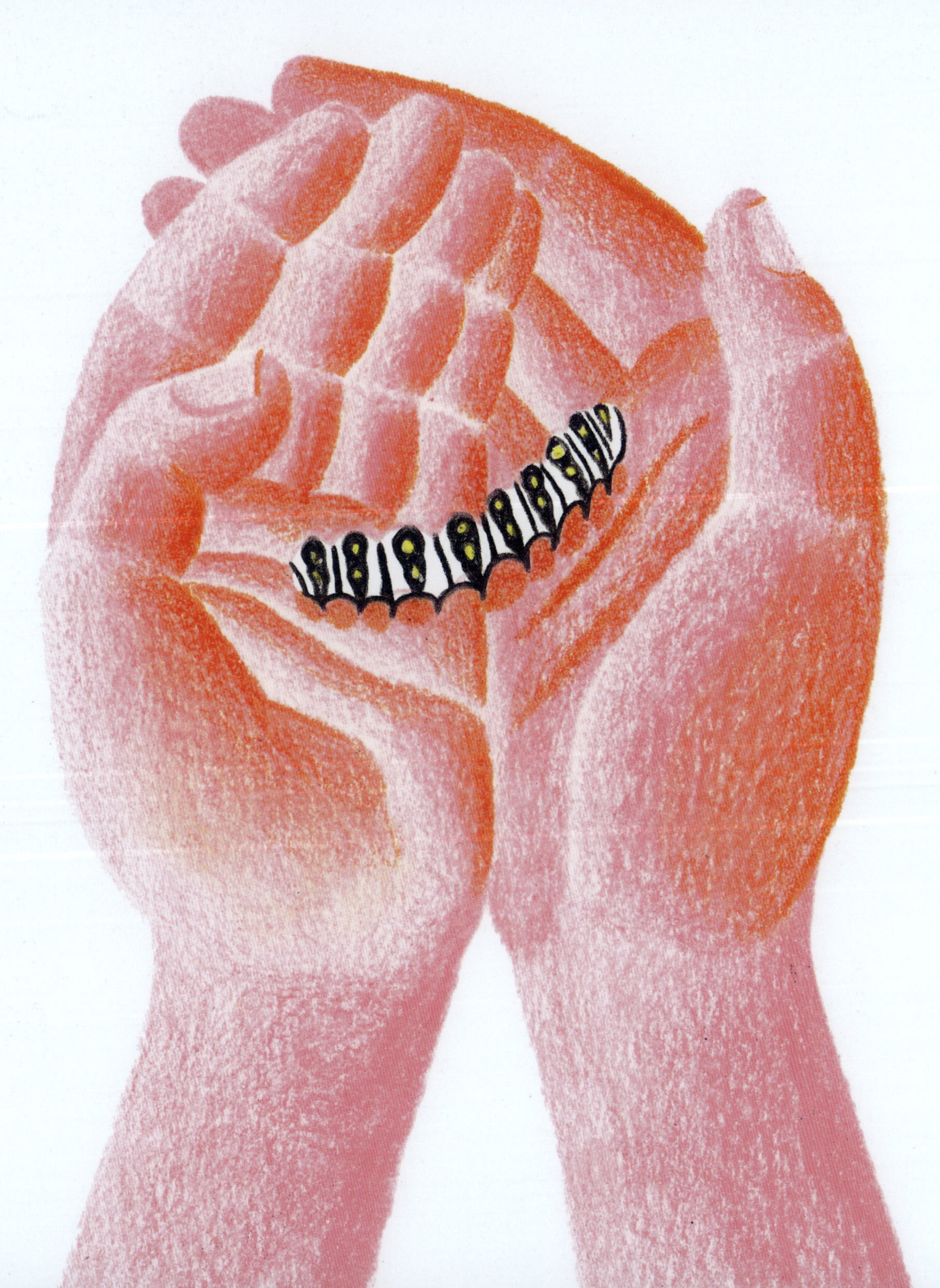

$7\frac{1}{4}$

可你也学会了发呆。

8

你变得越来越自信。

$8\,{}^{1}/_{2}$

你不再盲目地相信一切。

9

美国、意大利、柏林、胡腾菲尔德①、地中海、
斯莫蒂诺西岛、威廉王岛、古恩古帕斯②、
廷塔杰尔、因戈尔施塔特、北极。
世界何其之大！

① 德国黑森州兰佩特海姆市下属的一个区。
② 英国康沃尔郡的一个小型定居点。

10

你还了解到有一个被人类生造出来的地方，叫奥斯维辛集中营。

11

你知道吗，有些鱼会游回自己的出生地产卵？

12

在许多方面，父母已经远不如你。

13

可是父母什么时候才能不在你的朋友面前叫你“小宝贝”呢？

14

你开始追求流行（尽管并非总能做到）。

15

你知道，人类肉眼最远能看到邻近的仙女座星系。
40亿年后，它将撞上我们所在的银河系。

16

可是这会儿你先学会了接吻。

17

不可思议的事情发生了。你恋爱了。

18

还有一件事让人意想不到：你突然爱上了喝咖啡。

19

只是你有时会讨厌自己。
一个人可以改变自己吗？

20

还记得你15岁时的样子吗？

5年前的生活对你而言恍如隔世。

MAZINGA

21

你在这个房间里长大。
现在看来它却如此窄小。

22

在你想达成某个目标时，
请想好要走的每一小步。

23

生命中第一次，你向另一个人袒露自己的一切。

24

你还从未如此亲近一个人。

25

你们想在一起，一生一世。

26

或者，还是分道扬镳为好？

27

母亲也不知该如何安慰你。

28

临别时，她送了你一罐自制的黑莓酱。

黑莓酱

29

有一件事你还没学会：

周六晚上独自在家，请不要暗自神伤。

30

你知道幸福是相对的。

31

不同状态间的对比，
才能让人体会幸福。

32

你有孩子了吗？

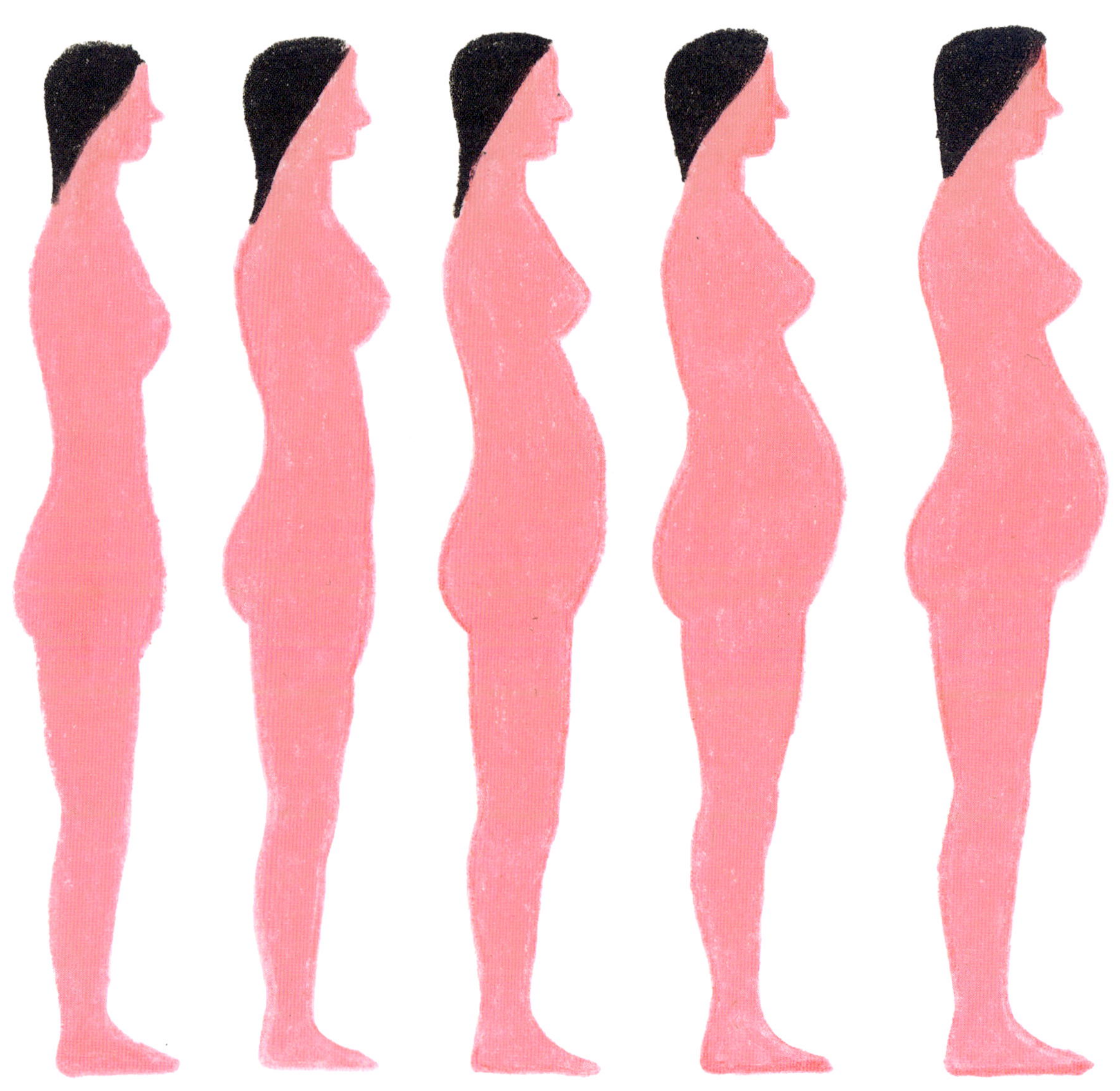

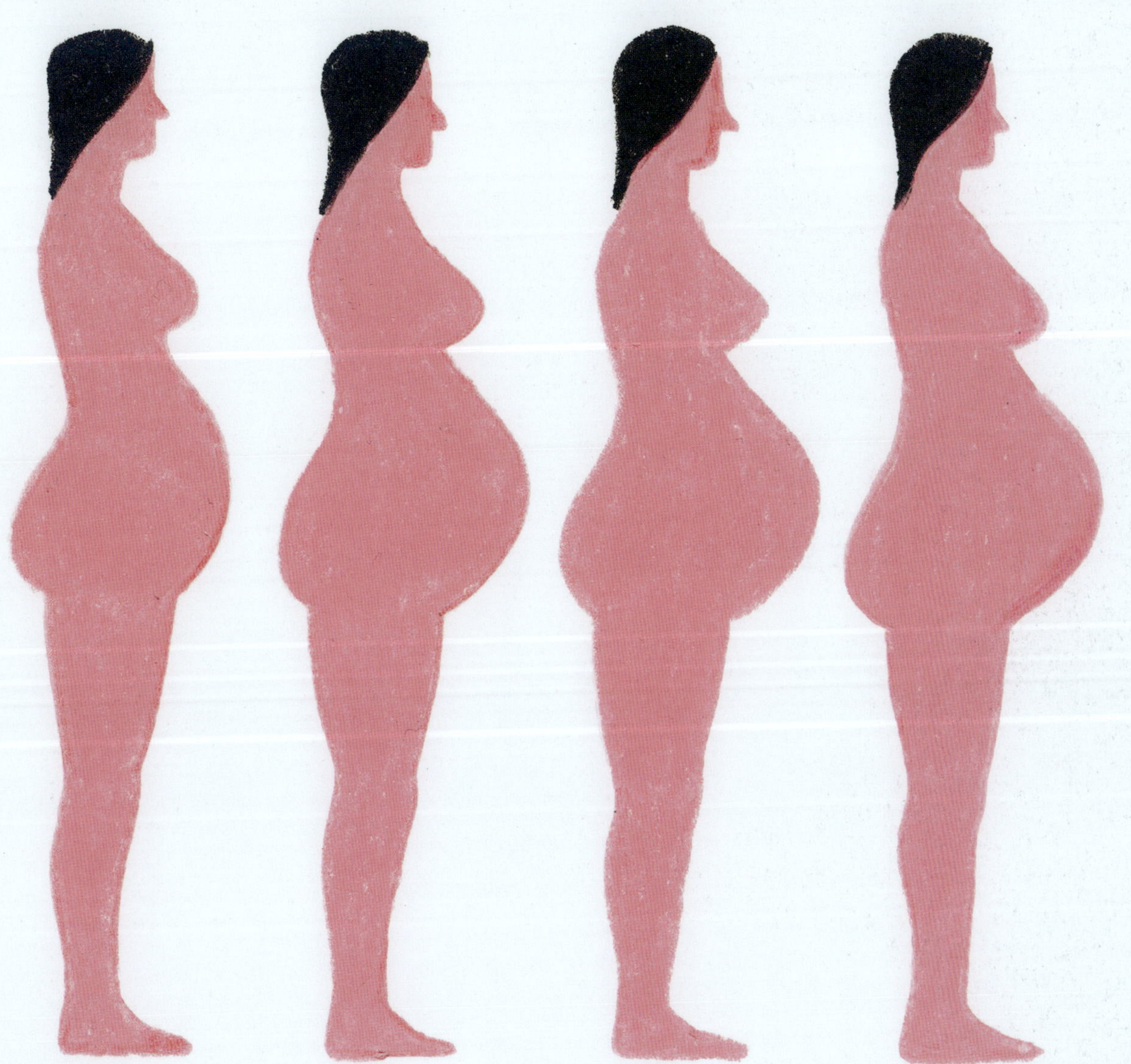

33

你学会了因为孩子忍受
睡眠不足的烦恼。

34

现在你是大人了。

35

但也许你仍童心未泯。

36

愿望已经实现。

可是现实与你想象中的却相去甚远。

37

于是你又开始疯狂。

自助拍照机

38

世界如此奇妙！新墨西哥州的沙漠里有一片“闪电原野”。在那里，一根根钢管将天上的闪电导向地面。

39

你还从未如此深爱过一个人。

40

你也从未如此担心过一个人。

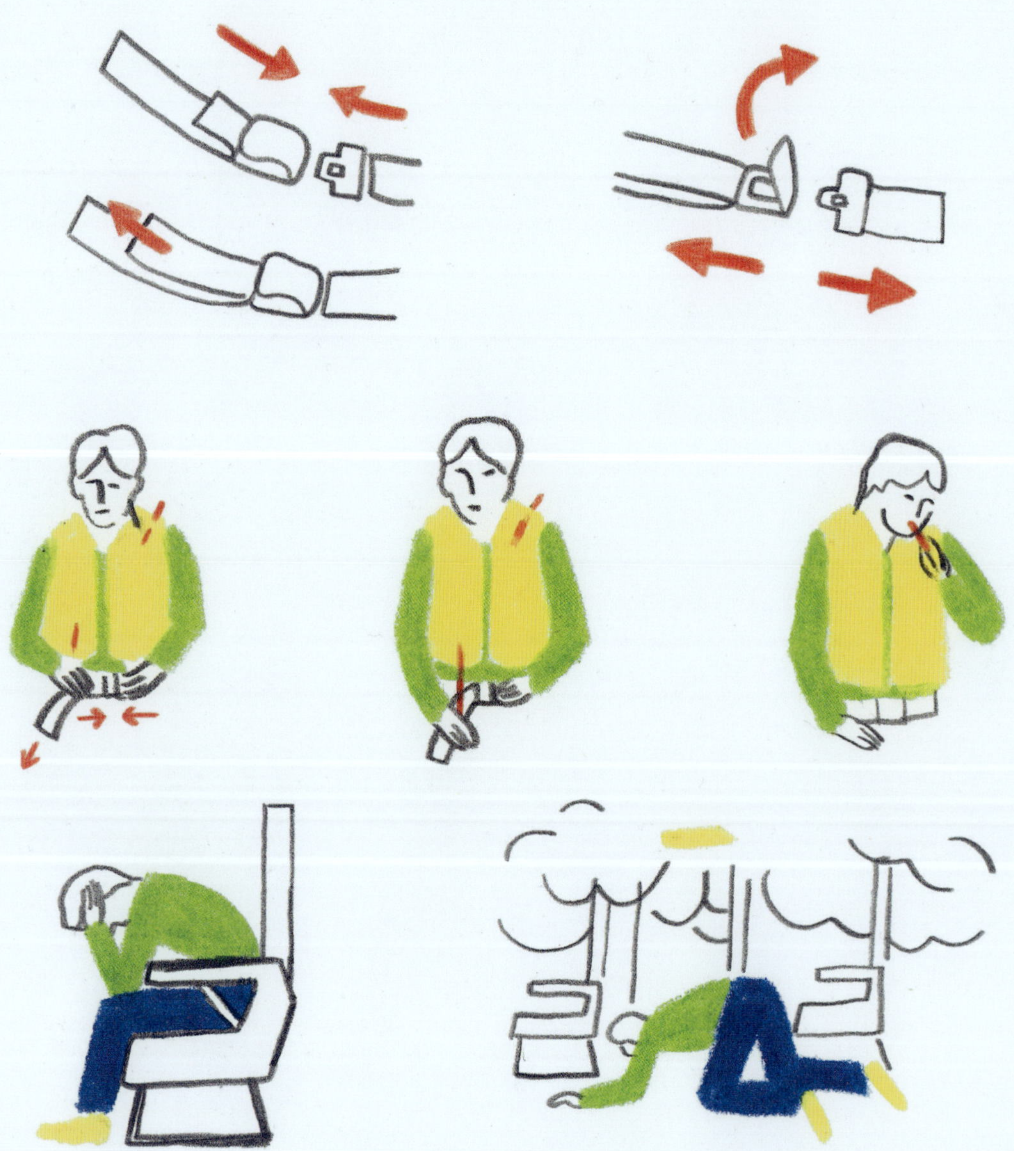

41

你的生活变得如此紧张。

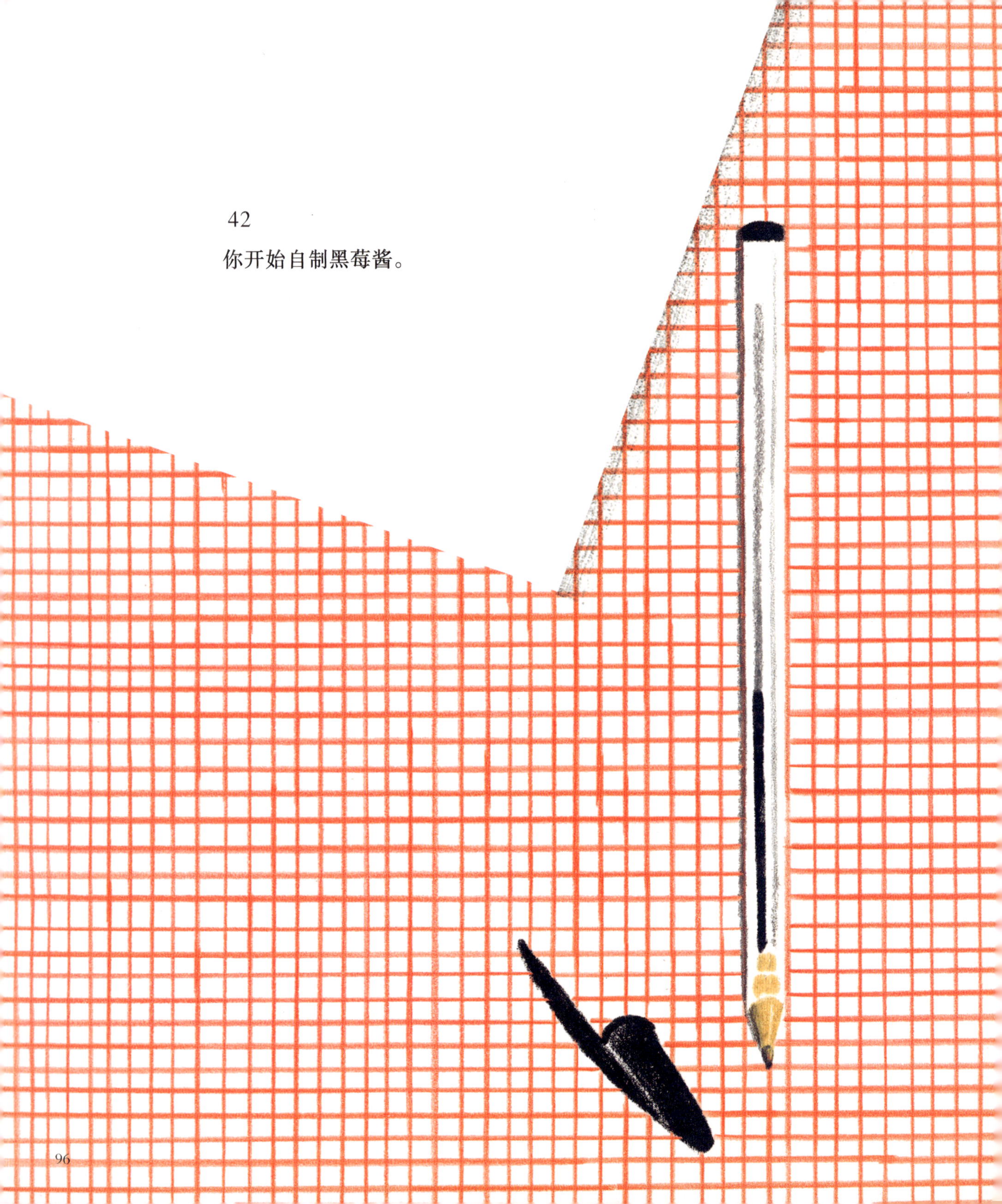

42

你开始自制黑莓酱。

— 半个苹果
— 1kg 黑莓
— 500g 糖
— 用文火煮1小时

43

你学会了为自己而活。

44

你脚上的皮肤开始起皱。

45

你喜欢自己现在的样子吗？

46

也许直到此时你才明白，失去一个人是何种感受。

48

那么好好享受此刻的幸福吧!

49

你发现睡一个整觉对你而言已是一种奢求。

50

生命中有两种力量牵绊着我们。
一只稚嫩的小手在努力挣脱你的牵引，
另一只苍老的手还需要你的搀扶。

51

你接受了父母的样子。

52

有些梦想并未实现……

53

……没关系。

你已经学会了珍惜生活中的小美好。

54
而为了感受莫大的喜悦……

55

……你得学会从另一个角度来看它。

56

你已经习惯了这个世界，
甚至不再抬头看天上的月亮。

57

设想一下，每100年才会在天空中出现这一现象。这是多么不同寻常的事啊！

58

太令人难以置信了，
人与人之间的相处竟如此艰难。

59

世界如此奇妙：你知道吗，在阿尔卑斯山中有座水库，
水面上矗立着教堂的钟楼？

60

你已经60岁了。但是你觉得自己还很年轻，
一点儿也不像小时候在大街上看到的六旬老人。

61

你的鼻孔和耳郭都在变大。

62

没有人会认为自己是坏人。

63

64

某一种力量促使你回到儿时待过的地方。

65

……这里还是你的故乡吗？

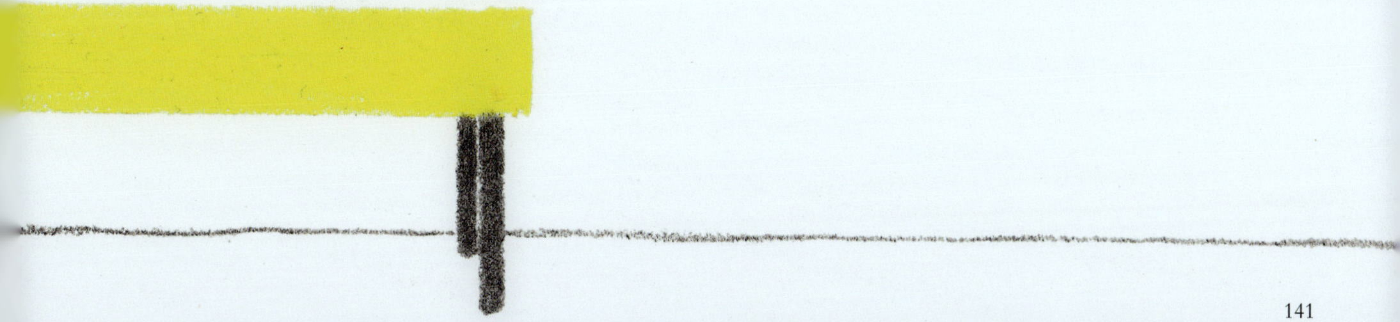

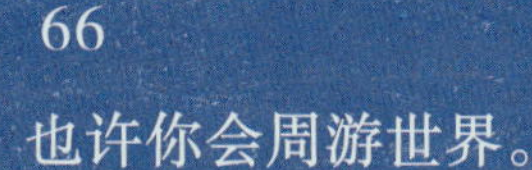

66

也许你会周游世界。

68

也许你会专注于自己的花园。

69

70

你对自己知之甚少。你发现，只有真正去做了，才会明白自己是否喜欢。

71

总有那么几年，你觉得万事皆难。

72

又有那么几年，你觉得诸事顺利。

73

你是否后悔生命中曾经做的那些决定?

74

也许直到这一刻，你才终于找到适合你的人。

75

你学会了遗忘。现在的你还会翻跟头吗？

76

你渴望身处大自然的怀抱。

77

78

也许你正开始学习一项新技能。

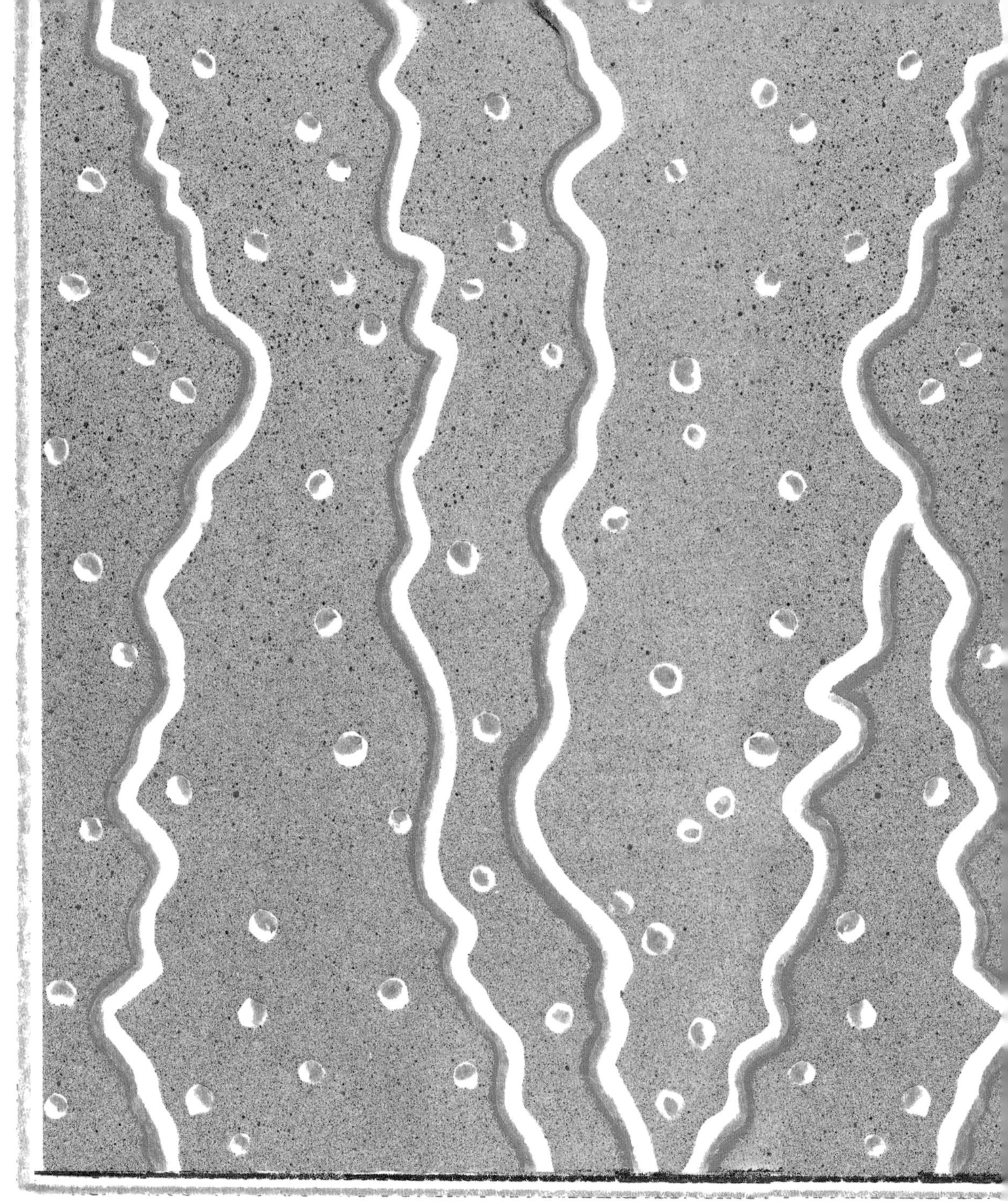

79

你还开车吗？

80

此刻你感到生命有限，于是更加珍惜当下的每分每秒。

81

如果你的年龄不以逝去的岁月，
而是以你享受过的时光来计算？

82

你需要双倍的时间来完成再普通不过的事情。

83

84

可是时光飞逝。

8t
5m

86

每一刻都可能发生变化。

87

也许是你的老伴病了。

89

你感到天塌了下来。

90

生活就是一个大杂烩。

91

还能有一个老朋友陪伴是多么美好的一件事啊!

92

死亡？没什么可怕的，放马过来吧。

93

94

每年，在把空黑莓瓶放回地下室的时候，你都问自己：谁知道我还能不能用上这些瓶子呢？

95

可是每一次，你又重新将这些瓶子装满黑莓酱。

96

又是一年春天。

97

人们对你提出各种各样的问题，
比如生活教会了你什么。

98

你觉得自己就像一个孩子，正如曾经那样。

99

生活可曾教会了你什么？

后记：生活教会了你什么?

新出生的侄女被包裹得像个木乃伊似的躺在床上，好奇地朝周围的世界眨着眼睛。这使我萌生了创作本书的想法。等待她的将是多么奇特的一段人生之旅啊！我既对她即将展开精彩人生羡慕不已，又为她今后难免遭遇人生的磨难而感到难过。

就在这时，外面有一辆汽车飞驰而过。

她朝着声音的方向转过头去。此时的她还不知道，外头的声音与她并无多大关系。

几周后我再次见到她时，她已经不再对汽车的声音感到好奇。她已然学会了一项本领——为新事物感到惊奇，对其进行判断，再将其抛在一旁——人类的这项技能使我们能够不被各式各样的诱惑淹没。我们不再捡起前进路上的每一块漂亮石头，也不会执着于跳过每一个水坑。不知何时，我们长大了，习惯了这个世界。大山和满月这样的壮丽景象已经无法激起我们内心的波澜，爱情也让我们感到麻木。想要重新发现这些事物的美好，就必须学习用全新的视角来看待一切，这也是本书的创作初衷：展现人在不同阶段对世界的不同理解。

有许多事情是我尚未经历的。所以我询问了许多人。其中既有小学生，也有 90 多岁的老人；既有社会中享有声望的名人，也有失去社会地位的落魄人士。柏林马灿区的高楼后面有一个村庄，在那里的一个私人花园里，我见到了一位前民主德国公司的总经理；在伊斯坦布尔的一个地下室里，我与一个难民家庭在水泥地上席地而坐。我对所有这些人都提出了一个相同的问题：生活教会了你什么?

比如一个来自尼日利亚的 22 岁中学毕业生告诉我，为了达成一个宏伟的目标，我们必须考虑到为此迈出的每一小步。他原本成绩很差，但是依靠这一信念，最终他的毕业成绩在全国名列前茅。

经受过命运考验的人，总会惊讶于自己在危急时刻展现出的无穷力量，比如那位我在伊斯坦布尔认识的叙利亚妈妈。她是 6 个孩子的母亲。她告诉我，自己深知这个世界上确实没有穷人的一席之地，但生活于她依然美好，她必须享受生活。这种人生态度随处可见，那些遭受过痛苦的人，往往更能够珍惜生活中的美好；那些没经历过挫折的人，反而很难感受到生活中的快乐。如此看来，人生还是公平的：幸福是相对的——这也是书中 30 岁到 31 岁内容中提到的人生感悟。

也许正因如此，中年人更容易感恩生活，一件极小的事情就能让他们感到快乐，比如一杯看起来不错的卡布奇诺咖啡（书中 53 岁的内容），又或者是一夜安睡（书中 49 岁的内容）。几乎所有 40 岁以上的人都向我倾诉：能够安稳地睡一晚上是多么让人幸福的事情。

那么老人呢？诚然，一个人在晚年多半要学会向生命妥协，但是一些采访对象却向我讲述了全新的人生体验。那位我之前提到过的德国公司的总经理，从过去的生活中得出结论：要在今后的人生中更加勇敢。于是，今天的他开始勇于尝试更多新鲜的事物（书中 70 岁的内容）。一位来自上巴伐利亚地区的女教师告诉我，她直到 74 岁才找到了真正适合她的另一半。一位来自柏林的画家，向我讲述了她的一段人生经历，我将其归入本书 87 岁的内容中。那时，这位女教师的丈夫患了阿尔茨海默症，她感到生活的艰难，却也从中学到了许多：丈夫的护理员是一些非常普通的人，这对老夫妻在过去的生活中，并未与这样的人有过什么接触，如今他们和这些护理员时常相见，在这个过程中，老人被其中一些人的智慧深深折服。她告诉我，没想到自己在这把年纪还会对人产生新的认识。

有的人虽然在生命中经历过很多事情，但身上依然还保有简单纯粹的气质。这是我与一位 94 岁高龄作家谈话后的感受。她是一位来自伦敦的儿童图书作家，作品深受世界各地读者的喜爱。当我问她生活教会了她什么时，她说："有时我觉得自己就像一个孩子，正如曾经那样。我不停地问自己，生活可曾教会我了什么？"我几乎原封不动地将这两句话摘录在了本书中。

最令我吃惊的是：我采访过的这些老人，没有一个惧怕死亡。对死亡最美好的描述，来自一位十分高寿的老人。我在一个春意盎然的日子里拜访了他。他坐在自己的花园里，旁边是他的老伴儿。

"每年，在把空黑莓瓶放回地下室的时候，我都会问自己，谁知道还能不能用上这些瓶子呢？"

他顿了顿，继续说道："可是每一次，我又重新将这些瓶子装满黑莓酱。"

这便是本书 94 岁到 95 岁内容中提到的人生感悟，也是贯穿本书"黑莓酱"的灵感来源。

人如果没有经历过什么，仅在纸上谈人生是空洞的。解读本书最好的方法是：和一个人生经历更加丰富的人一起阅读，边看边讨论人生的真谛。比如在晚上上床睡觉前，你可以和父母或是祖父母聊一聊。至少我是这么想的。

海克·法勒

图书在版编目（CIP）数据

你想过怎样的一生？：从0到100岁，该学会的人生大事，都在这些生活的小事里了 / (德) 海克・法勒文；(意) 瓦莱里奥・维达里图；俞洁琼译. -- 北京：北京联合出版公司, 2020.11（2025.11重印）

ISBN 978-7-5596-4509-8

Ⅰ. ①你… Ⅱ. ①海… ②瓦… ③俞… Ⅲ. ①人生哲学—通俗读物 Ⅳ. ①B821-49

中国版本图书馆CIP数据核字(2020)第156094号

Hundert: Was du im Leben lernen wirst
Author/Illustrator: Heike Faller, Valerio Vidali

你想过怎样的一生？：从 0 到 100 岁，该学会的人生大事，都在这些生活的小事里了

著　　者：［德］海克・法勒［意］瓦莱里奥・维达里
译　　者：俞洁琼
出 品 人：赵红仕
选题策划：银杏树下
出版统筹：吴兴元
编辑统筹：郝明慧
责任编辑：夏应鹏
特约编辑：刘叶茹
营销推广：ONEBOOK
装帧制造：墨白空间・巫粲

北京联合出版公司出版
（北京市西城区德外大街 83 号楼 9 层　100088）
后浪出版咨询（北京）有限责任公司发行
天津裕同印刷有限公司　新华书店经销
字数 150 千字　889 毫米 × 1194 毫米　1/20　10.6 印张
2020 年 11 月第 1 版　2025 年 11 月第 17 次印刷
ISBN 978-7-5596-4509-8
定价：118.00 元